气质美人 来泡茶

主编 惜眉

农村读物出版社

图书在版编目（CIP）数据

气质美人来泡茶 / 惜眉主编. 一北京：农村读物出版社, 2011.7

（怡情茶生活）

ISBN 978-7-5048-5490-2

Ⅰ. ①气… Ⅱ. ①惜… Ⅲ. ①茶叶－文化－中国 Ⅳ. ①TS971

中国版本图书馆CIP数据核字(2011)第115708号

策划编辑	黄　曦	
责任编辑	黄　曦	
出　　版	农村读物出版社　（北京市朝阳区麦子店街18号　100125）	
发　　行	新华书店北京发行所	
印　　刷	北京三益印刷有限公司	
开　　本	880mm×1230mm　1/24	
印　　张	6	
字　　数	150千	
版　　次	2011年7月第1版　　2011年7月北京第1次印刷	
定　　价	36.00元	

美人与美女 有区别吗？在我看来，是有的。

美女，如今，已经变成了一个通用称呼。甭管高矮胖瘦，俊美或粗陋，只要是个女人，都有可能收获到这样的一个称呼。俗话说，物以稀为贵。当"美女"这个称呼已经臭大街的时候，还有谁以自己是"美女"为荣呢。

而"美人"就不一样了。这个称呼，在任何时候都是不会泛滥的。这个词儿透着那么多的古典味道。如唐诗宋词，永远婉约，永远精致。

谁才能担当得起美人这个名号呢。那是需要有相当的内涵的。这个内涵，通俗的说，就是气质。

气质的修炼并非一蹴而就，需要时间的沉淀，需要内心的自我审视。需要放慢生活的脚步静静思考。

而陪着你完成这种思考的雅伴，除了茶，世间还有什么更适合呢？

一杯清茶，洗去我们所有的尘世烟火，阻挡我们所有的着急和心慌。不需要赶路，不需要计较，听从你的内心，和自己安静地对话。

透过缕缕茶香，茶与人，如诗如画。

目录

CONTENTS

五 气质如色，怡情悦性

茶色茵茵，沐浴其中，如同被人宠爱

一

气质如水，收放自如

选一种属于自己的好水，泡自己的那杯美人茶

不知道是时代的进步还是退步，到了21世纪，人们对于水的需求越来越统一：不是纯净水就是桶装水。水的个性被模糊了，经过一层层的过滤，似乎都统一到了一个面孔。这样的水，总觉得太潦草。没有了特色，泡出的茶又怎会有百转千回的好味道呢？

还是回忆下古时候吧。那时，泡茶是件多么隆重的事。择水泡茶，怀着虔诚，怀着期待，为那一杯茶寻觅着灵魂的"伴侣"。

在这里，不能不提到陆羽《茶经》，他把水分成了上中下三等。"其水，用山水上，江水中，井水下。"

而今，山水难得，江水已经少有清浊，井水也难逃被污染的结果。好水难寻！

即使如此，我们还是可用一些标准去评定我们能找到的水，这些标准，古今适用。

一、水清

这点很好理解，清，就是对洁净的要求，没有异物，没有异味，无色透明。

二、水活

南宋《苕溪渔隐丛话》中说："茶非活水，则不能发其鲜馥。"流水不腐，从科学道理上来说，流动的水，不会存在腐烂的物质而影响茶味。

三、水轻

这标准，其实和现代的水质标准不谋而合。轻的水，就是软水，而重的水，就是硬水，含钙质太多，容易使茶中出现苦涩的滋味。且颜色也不好看。

四、水甘

某品牌的矿泉水有过这样的广告语：某某山泉，有点甜。甘甜，口感就好，山泉甘甜，也说明水质良好，适合饮用。

五、水冽

冽，和水温有关。一般来说，冷而寒的水，很适合煮茶，因为在温度的逐渐累加中，茶味能得到最大的体现。古人喜欢用冰雪煮茶，但对于现代人来说，这

条已经不适用，因为环境污染，这种天水早就沾染上了人类文明的痕迹，变得五味杂陈了。

上面说的虽然是水的标准，总觉得大自然，很多东西都是相互关联的。以上的标准，其实用在人身上，何尝不是贴切的呢。

气质如兰的美人，当有一颗明净的心，有灵性，有活力，心地善良而甜美，不过度热情不轻佻。

真是好水如美人呀。喝着这样的好水泡出来的好茶，心也该是宁静而平和的。

名泉好茶配佳人

从古到今，颇有一些好水是经过文人雅士验证过、欣赏过的。它们踏过历史的尘埃，存留于今，让我们有幸品尝其中的清雅和甘洌。

西山玉泉池： 位置在北京海淀区的西山东麓、颐和园的西侧。这个自金代开始，元、明、清各代都作为北京水运和民用水的名泉水质清澈，晶莹如玉，因此得名玉泉。

五大连池矿泉： 位于黑龙江省五大连池火山群。泉水富含矿物质。其中，南泉和北泉为饮泉。

晋祠泉： 位于山西太原南晋祠大殿之右。泉上有亭。泉水清澈晶莹，适合煎茶，口感清纯。

白乳泉： 位于安徽怀远县城东南郊荆山北麓。泉水特点是白浓似乳，甘美可口，富含矿物质，张力大，漫出杯口一粒米高也不会溢出。

玉液泉： 位于四川峨眉山大峨寺神水阁前，源于石壁之中，清洁异常，被誉为玉露琼浆。以此冲泡峨眉茶，茗香可口。

龙井泉： 位于杭州市西湖西面风篁岭上。用龙井泉水冲泡龙井茶，有豆花的香气，味道甘美。

五台山泉： 位于山西五台山。由于五台山冬季积雪，山泉冻合，到冰雪融化时，泉水晶莹甘甜，适合煮茶。

虎跑泉： 位于杭州西湖西南隅虎跑寺内。泉水特点是泉水清洌，晶莹透彻滋味甘醇，煎茶最适宜。

3

美人茶的最佳温度

区别对待不同茶类

不同的水温泡不同的茶，就像气质，无法说哪一种就是好的。表现得最得体的，一定是被所有人欣赏的气质。

泡茶就是这样一个过程，最适合你的，就是最好的。学会拿捏水温，就是学会控制状态，达到最得体的水准。

轻熟女 100℃茶，超越自我的自信气质

红茶　　　红茶茶性温和，色艳味醇。无论色还是味，都很适合注重气质的成熟女性冲泡品饮。冲泡时，首先洁净茶具，然后置茶，接着用100℃沸水，提壶，用回转法冲泡茶叶至湿润，使之吸水膨胀，半分钟后，用"凤凰三点头"法继续加水至七分杯满。红茶的著名品种有滇红、宜红、正山小种等。

冲泡滇红

① 备具。

② 将茶壶和茶杯温烫。

③ 取适量茶叶置入茶壶（两杯水约要茶叶4～5克）。

④ 将沸腾的热水倒入茶壶，请一气呵成将所需的水倒入，盖上壶盖。

⑤ 泡好的茶汤倒入公道杯中。

⑥ 将公道杯的红茶注入茶杯饮用。

乌龙茶

乌龙茶因其冲泡颇费工夫，又称工夫茶，泡工夫茶自然讲究颇多，过程繁多，这里介绍两种不同的方法，都可以让乌龙茶冲泡出最好的茶味。

●.福建冲泡法

福建冲泡方法主要以盖碗为主，操作简单方便，目前很多茶爱好者都喜欢用盖碗来冲泡茶叶，尤其是茶城里的茶商们，使用盖碗的频率更高，因为冲洗方便，操作简单。

冲泡黄金桂

① 备具：准备盖碗杯、公道杯及品茗杯。

② 洗盖碗杯。

③ 温烫公道杯。

④ 温烫品茗杯。

⑤ 置茶。用茶则放置茶叶，投入量根据客人的要求。

⑥ 冲茶。当开水初沸时提起水壶，将开水从较高位置，按一定方向冲入盖碗杯，使杯中茶叶按一定方向转动，直至开水刚开始溢出茶杯为止。大约冲泡1分钟后，用拇指、中指夹住茶杯口沿，食指抵住杯盖的钮，在茶杯的口沿与盖之间露出一条水缝，把茶水巡回注入弧形排开的各个茶杯中，俗称"关公巡城"，这样做的目的在于使茶汤浓度均匀一致。也可倒入公道杯中。倒茶后，将杯底最浓的少许茶汤，要一滴一滴地分别点到各个茶杯中，使各个茶杯的茶汤浓度达到一致。

⑦ 奉茶。点茶后，待各个茶杯的茶汤达到七八分满，有礼貌地双手奉杯，敬给宾客品饮。

●. 潮汕泡法

潮汕泡乌龙茶比较讲究，使用此种方法的人群也比较多。

冲泡乌龙

① 赏茶。

② 温烫茶壶。

③ 用后废水倒入茶盘。

④ 置茶。先将茶从茶罐中倾于素纸上，再分别粗细。取最粗者填壶底口处，次用细末填于中层，稍粗之茶撒在其上，这样可以使茶汁浸出均匀，又可免于茶汤有碎茶倾出。

⑤ 冲泡。沿罐口冲入沸水。冲水时，要做到水柱从高处冲入罐内，俗称"高冲"，要一气呵成，不可断续。这样可以使热力直透罐底，茶沫上扬，进而促使茶叶散香。

⑥ 刮沫。冲水满壶后会使茶汤中的白色泡沫浮出壶口，这时随即用拇指和食指抓起壶钮，沿着壶口水平方向刮去泡沫，也可用沸水冲到刚满过茶叶时，立即在几秒钟内将壶中之水倒掉，称之为洗茶，目的在于把茶叶表面尘土洗去，使茶之真味得以充分发挥。随即再向壶内冲沸水至九成满，并加盖保香。

⑦ 洗茶后的水温烫品茗杯。

⑧ 用茶夹清洗品茗杯。

⑨ 淋壶。加盖后，淋遍壶的外壁追热，使之内外夹攻，以保壶中有足够的温度。进而，清除沾附壶外的茶沫。尤其是寒冬冲泡乌龙茶，这一程序更不可少。只有这样，方能使杯中茶叶起香。

⑩ 冲泡。

⑪ 冲泡好的茶汤分入品茗杯。

⑫ 点茶。壶内茶汁均匀地点到每杯中，使茶味浓淡统一。

⑬ 品饮。

黑茶

喝黑茶，尤其是黑茶中的普洱茶、六堡茶、茯砖茶是近几年来兴起的时尚。

现在很多领导人士都比较喜欢品饮谈论普洱茶，这已经是一种品味的象征。不过，除了普洱茶，六堡茶和茯砖茶也是后起之秀，得到很多商务人士的喜爱。对于经常坐办公室的白领来讲，黑茶是健康的茶饮，是极好的助消化、除便秘的饮料，美味的同时还可获得健康。

冲泡六堡茶

① 将开水注入壶中清洗。

② 用壶中的开水清洗公道杯。

③ 用公道杯中的水清洗品
茗杯。

④ 置茶。

⑤ 冲泡。

⑥ 将冲泡好的六堡茶汤倒入
公道杯中。

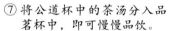

⑦ 将公道杯中的茶汤分入品
茗杯中，即可慢慢品饮。

90℃茶：窝心的亲切滋味

绿茶

　　绿茶让人很熟悉，就像街坊，淡淡的味道，总让人感觉悠远绵长。这也是众多茶叶冲泡中，最容易掌握的一种，哪怕是在办公室，也可以省略所有程序，直接用水一冲即得。

　　在家休闲的午后，不妨按部就班，认真地冲一次，回味一下深处的记忆，

① 准备茶叶。

冲泡甘露

② 将足量烧至沸腾，等水温降至85～90℃备用。

③ 在玻璃杯中注入少量热水，双手拿杯底，慢转杯身使杯的上下温度一致，将洗杯的水倒
　 入水盂里。

④ 用茶匙将茶荷中的茶叶拨　⑤ 直接冲水约7～8分满。
　 入玻璃杯中；

⑥ 赏茶舞。欣赏茶叶落入水中，茶芽吸水后渐渐沉入杯底，以及茶汤慢慢变绿的过程。

花茶

品饮花茶，重在欣赏香气，但高档的花茶也有较高的观形价值。所以，品饮时，通过观形、闻香、尝味，方能品饮出花茶的特有风韵。

冲泡茉莉花茶

① 备具。无论是采用盖碗泡法，还是采用白瓷杯冲泡法，都必须有盖，目的在于防止香气散失。

② 闻茶、赏茶。在茶则中放置少量干茶，闻其香气，赏其美姿。

③ 温盖碗杯。　　　　　　　　　　　　　④ 温公道杯。

⑤ 置茶。按1克茶加50毫升开水的比例，在每个碗或杯中放上2～3克茶。

④ 冲泡。用90℃的开水，用回转法按逆时针方向向盖碗杯中冲入开水少许，紧接着用"凤凰三点头"法冲水至盖碗敞口下限或七分满杯为止，随即加上杯盖。静置3分钟左右，倒入公道杯中过滤茶汤后可品饮。

80℃茶：温和轻松的迷人气质

竹叶青

竹叶青属于绿茶，外形扁条，两头尖细，形似竹叶；内质香气高鲜；汤色清明，滋味浓醇；叶底嫩绿均匀。冲泡后的竹叶青叶底形似竹叶，青秀悦目，在茶杯中纷纷起舞，好不美丽。正因为竹叶青有这么美的茶舞，在外国人中很受欢迎。

冲泡竹叶青

① 备茶。欣赏干茶的形美。

② 将开水倒入杯中，清洗杯具。

③ 将清洗杯具的水倒掉。

④ 将竹叶青投入杯中。

小贴士 如果家中来客人，可以将冲泡好的茶汤请客人品尝。奉茶时要面带微笑，双手欠身奉茶。茶杯摆放的位置，以方便客人取饮为原则。茶放好后，应向客人伸手掌示意，说声"请品茶！"。

小贴士 这期间，可观看竹叶青茶的动态舞姿以及茶的舒展变形。竹叶青茶比较细嫩，所以要采用中投法冲泡。

⑤ 继续往杯中冲入凉至80℃的水冲泡竹叶青。　　⑥ 冲泡好的茶叶即可品饮。

75℃茶：自在轻松的休闲气质

白牡丹

白茶依据成品茶的外观呈白色，故名白茶。白茶最主要的特点是毫色银白，素有"绿妆素裹"之美感，且芽头肥壮，汤色黄亮，滋味鲜醇，叶底嫩匀。白茶的主要品种有白牡丹、银针、贡眉、寿眉等。特别是白牡丹，更是体现了白茶的清新之美。

冲泡白牡丹

① 备茶，赏茶，备具。

② 将开水倒入盖碗中清洗。

③ 用盖碗中的水清洗公道杯。

④ 用公道杯中的水清洗品茗杯。

⑤ 将白牡丹茶叶投入盖碗中。

⑥ 冲入开水冲泡白牡丹。

⑦ 将冲泡好的茶汤倒入公道杯中。

⑧ 将公道杯中的茶汤分入品茗杯中，即可品饮。

霍山黄芽

黄茶的品质特点是"黄叶黄汤"。这种黄色是制茶过程中进行闷堆渥黄的结果。黄茶分为黄芽茶、黄小茶和黄大茶三类。著名品种有霍山黄芽、君山银针等。这里介绍的是霍山黄芽的冲泡。

冲泡霍山黄芽

① 备具。

② 备茶，赏茶。

③ 将开水倒入玻璃杯中清洗。

④ 将清洗玻璃杯的水倒掉。

⑤ 将霍山黄芽茶倒入杯中。

⑥ 冲入开水冲泡。

⑦ 冲泡好的茶汤即可品饮。

水温对茶味的影响

对于水温，唐代陆羽《茶经》中早有叙述："其沸，如鱼目、微有声，为一沸；边缘如涌泉连珠，为二沸；腾波鼓浪为三沸；以上水老，不可食也"。明代许次予的《茶疏》也持相同观点，认为"水一入铫，便需急煮，候有松声即去盖以消息其老嫩。蟹眼之后，水有微涛，是为当时。大涛鼎沸、旋至无声，是为过时；过则老而散香，决不堪用"。以上说的都是水温过高，水过老，对泡茶来说是不合用的。

可以说，水温高低是影响茶叶水溶性物质溶出比例和香气成分挥发的重要因素。

现代科学证明，茶水比为1∶50时冲泡5分钟，茶叶的多酚类和咖啡因溶出率因水温不同而有异。水温87.7℃以上时，两种成分的溶出率分别为57%和87%以上。水温为65.5℃时，其值分别为33%和57%。

水温问题问答

问：泡茶用水是先烧到100℃再降到所需温度？还是需要多高的水温就烧到所需温度即可？

答：如果泡茶用水需要兼顾杀菌功能，或需要利用水的高温降低某些矿物质含量，那就可以把水烧开再晾凉，降到所需温度再泡茶。如果水质纯净，不需要通过100℃高温杀菌，可以直接加温到所需温度。特别注意的是，即使兼顾了杀菌需求，水也不能煮开太久，因为煮太久，水中气体含量会降低，不利香气挥发，这也就是所谓水不可烧老的道理。

问：水温还受到哪些因素影响？

答：泡茶水温还受到下列一些因素的影响：

（1）是否需要温壶

泡茶之前，是否将壶用热水烫会影响泡茶用水的温度，热水倒入未温热过的茶壶，水温将降低5℃左右。所以若不事先温壶，水温必须提高些，或浸泡的时间延长些茶味才好。

（2）茶叶是否曾被冷藏

冷藏或冷冻后的茶叶，若未放置至常温即冲泡，应视茶叶温度适当提高水温或同时延长浸泡时间，尤其是"揉捻"后未经干燥即被冷藏冷冻的"湿茶"。

4 赏那杯茶色水色

你是不是我的那杯茶？恋爱中，我们经常会痴痴地问对方这个问题。喜欢，有时没有道理。你唇边的灿烂微笑，那个温暖的拥抱，一闪而过的某个迷离的表情，那些，都能让人沉醉。

爱上那杯茶，也许爱上的是茶的滋味，也许，爱上的，仅仅是那杯茶色、水色。

茶色水色之 **浓红**

红茶：

红茶茶汤茶色红浓透亮，红艳似红酒。酒红的色彩与人的心绪不谋而合，品味着时尚和情趣的同时还品味着暖暖的温存。红艳的红茶犹如一位成熟干练的女子，中西结合、温暖醇和、婉约大方，是时尚一族的最爱。红茶是充满浪漫和时尚的，它色彩美艳，让人赏心悦目，它独特的果香薄荷香松香，让人迷醉；它可调饮可清饮，调饮可与柠檬、牛奶、咖啡等搭配，调制出不同的滋味，营造出不同的氛围和情调。

绿茶：

　　绿茶汤色浅绿、黄绿，灿然、清澈、透明。冲泡好的绿茶为绿叶、绿汤、绿底，观察茶在水中的缓慢舒展、游动、变幻的"茶舞"，让人赏心悦目。清绿的绿茶宛如一位纯洁干净的女孩，既清爽又自然。绿茶适合夏天饮用，就像夏日里的一杯冰镇饮料、清澈冰凉。

乌龙茶：

　　乌龙茶茶汤金黄、明亮。金黄色的乌龙茶是深受女性消费者青睐的茶饮，也是一款理想的减肥茶，不管是茶汤的口感还是功效，都是不错的。

二

气质如器，尽在掌握

茶本无形，与美器相遇后才有了千娇百媚

1 陶土茶具：宫廷贵妇的雍容气度

　　陶土茶具是指宜兴制作的紫砂茶具，由陶器发展而成，是一种新质陶器。用紫砂茶具泡茶，既不夺茶真香，又无熟汤气，能较长时间保持茶叶的色、香、味，受到茶人的钟情。紫砂给人们一种沉、深、远且神秘的感觉。从原料、加工、烧制、使用都十分复杂。每一道工序的疏忽都会造成成品的缺陷，好比一位女性，走向成功的路上，太多艰难才成就了最后的成功。紫砂质地特殊，最适合泡饮香高、韵味悠长的铁观音、武夷岩茶、普洱茶等。

紫砂壶冲泡大红袍

① 备具。

② 备茶、赏茶。

③ 温烫茶壶及公道杯。

④ 温烫品茗杯。

⑤ 置茶：将选用好的茶叶用茶匙拨置壶中。

⑥ 冲水：第一泡茶冲水，根据所选用的茶叶控制泡茶的时间，一般乌龙茶第一泡在45秒钟左右。

⑦ 出汤：将壶中的茶汤冲入茶海中，目的是使茶汤均匀。

⑧ 分茶：将公道杯中的茶汤分别分入闻香杯中至杯的七分满。

⑨ 品茶：闻香，左手拿起闻香杯旋转倒入品茗杯中，闻香同时上下拉动闻香杯，有高温香、中温香、低温香。值得慢慢体会。

⑩ 赏茶：右手托起品茗杯，观赏汤色，品饮。

注意事项

（1）**紫砂壶的挑选**：市场的紫砂壶，主要产于宜兴、福建、台湾三地。台湾的紫砂壶质地比起这两地的更加细腻，选购时候可以根据自己的爱好、身份、性格等特点选择。

（2）**紫砂壶的清洗**：紫砂壶清洗很简单，但是又很挑剔。无论是新壶还是旧壶，清洗时都不要用任何洗涤用品，清水冲干净，自然晾干即可。

（3）**紫砂壶挑选**：一把茶壶是否适用，取决于用之置茶、泡茶、分茶（倒茶）、清洗、置放等方面操作的便利程度及茶水有无滴漏。

首先，纵观整体，一是壶嘴、壶口与壶把顶部应呈"三平"，或虽突破"三平"但仍不失稳重，唯把顶略高。

二是对侧把壶而言，壶把提拿时重心垂直线所成角度应小于45℃，易于掌握重心。

三是出水流畅，不漏水，壶嘴可断水，无余水沿壶流外壁滴落。

最后，鉴赏紫砂茶壶，还要从其神韵、形态、色泽、意趣、文心、适用等方面一一考评。壶形应以自然流畅、气定神闲者为佳。

2 瓷器茶具：品质美人的精致风范

　　有白瓷茶具、青瓷茶具和黑瓷茶具等多个类别。其中白瓷茶具最为著名，是当今最为普及的茶具之一。生活中白瓷常常给人们留下的印象是简洁、大方。随时都方便使用，泡法不复杂，但又不失去东方的味道。更适合成熟女性，适合生活节奏快，但又追求品质的女性。瓷器茶具多用于红茶、黄茶等茶色较重的茶进行冲泡。

　●白瓷茶具

　　白瓷茶具坯质致密透明，上釉、成陶火度高，无吸水性，是品茶的首选茶具，特殊的白釉可以很容易辨别出茶汤的颜色，更加容易辨别出茶的好坏。所以，使用最为普遍。

●青瓷茶具

青瓷茶具以浙江生产的质量最好。这种茶具除具有瓷器茶具的众多优点外，因色泽青翠，常用来冲泡绿茶，可以衬托出绿茶汤色美感。不过，也正因为呈青绿色，不适宜冲泡红茶、黑茶。如冲泡红茶、黑花易使茶汤失去本来面目，颜色加深，不能凸显茶汤本质的颜色。

●黑瓷茶具

黑瓷茶具，始于晚唐，鼎盛于宋，延续于元，衰微于明、清，这是因为自宋代开始，饮茶法。主要由宋代流行的斗茶，发展起来。常使用方法是一看茶面汤花色泽和均匀度，以"鲜白"为上；二看汤花与茶盏相接处水痕的有无和出现的迟早，以"盏无水痕"为佳。但是，现今很少有运用这种斗茶方式冲泡茶叶了，所以黑瓷茶具已不被广泛使用，原因是不能将茶汤的正真的颜色呈现出，不便于观其色。

宜红的冲泡方法

① 备茶、赏茶。

② 备具。

③ 温烫茶壶。

④ 温烫公道杯。

⑤ 温烫品茗杯。

⑥ 置茶：将选用好的茶叶用茶则移至壶中。

⑦ 冲水：第一泡茶冲水，提壶高冲，激发茶性，充分发挥红茶的色、香、味。

⑧ 分茶：将壶中茶汤倒入公道杯，然后将公道杯中的茶汤分别分入品茗杯中至杯的七分满。

注意事项

（1）**清洗及时：**尤其是白瓷茶具，在使用后一定要及时清洗，茶渍很容易留在茶具的表面，不及时清洗或隔夜清洗，就很难清洗下去，如果用较坚硬的清洗工具强硬地擦拭，瓷器釉面会被刮花缺少光泽。

（2）**内质白釉：**选择瓷器茶具时，由于担心茶具颜色多，图暗，不能更好的体现茶汤的本色，虽然也想追求茶具的多种多样，色彩丰富，但因为影响茶的观赏，所以在选用时还是尽量挑选内质白釉的茶具，这样既美观也实用。

玻璃茶具：气质佳人的小资风情

玻璃茶具素以它的质地透明、光泽夺目，外形可塑性大，形状各异，品茶饮酒兼用而受人青睐。玻璃给人一种清透感觉，没有一点颜色的装饰，但是又不失美感，从干茶到泡后舒展，能更加直观地观赏茶泡制的过程。如果以茶具喻人，玻璃茶具像个纯真的孩子，一点没有顾虑地显示真实的情感。其次，玻璃相比任何茶具更加现代，适合都市中的年轻女孩。玻璃茶具常用来冲泡如碧螺春、君山银针、西湖龙井、太平猴魁等名茶，能充分发挥玻璃器皿透明优越性，观之令人赏心悦目。

冲泡碧螺春

① 备茶。

② 备具。准备玻璃壶、品茗杯。

③ 将开水冲入壶中温烫。

④ 将玻璃壶中的水倒入品茗
杯中温烫。

⑤ 将备好的碧螺春茶投入玻
璃壶中。

⑥ 将凉至80℃的水冲入玻璃壶中，激发茶性，冲泡茶叶。

⑦ 将玻璃壶中的茶漏取出。　　　⑧ 将玻璃壶中的茶汤分入品茗杯中。

⑨ 细饮慢品，体会茶的真味。

注意事项

（1）**使用**：造型玻璃器具比陶瓷烫手，在挑选直杯时尽量选用底下留置玻璃厚度大的，在拿取时候可以拿住杯底，防止烫手，且更加卫生。

（2）**造型**：随着市场需求的不断提高，玻璃茶具不再局限于简单的装饰，更多地重视茶具的美观，以增添泡茶的乐趣。所以不要急于下手，多看看，并且货比三家。

（3）**购买**：玻璃茶具比起我们上面说到的陶制茶具、瓷制茶具更容易碎，且耐高温性也没有这两种好，所以在选用时候一定要选用质量有保障的品牌玻璃茶具，更加安全。

★茶具清洗小贴士：

茶具长时间使用后，再注意都会污浊，所以必要时候也要彻底清洗一次。下面介绍几种简单易学的小妙招，使清洗不再是头疼的事：

（1）除掉茶杯或茶壶上的茶垢，茶杯、茶壶用久了，就会由大量茶垢，用海绵蘸盐擦拭，可轻易去掉。切忌用钢丝球擦拭，会损坏茶具表面的光泽，破坏表面的组织更容易覆盖上新的茶渍。

（2）除小块茶垢，可用牙膏擦洗，之后再用清水冲净即可。

（3）茶具再追求透彻也不要浸泡于漂白剂或清洁粉的溶液中，既不安全也会损坏茶具。可用醋浸泡，清洗。

三
气质如兰，茶道怡情

茶之道，气韵悠长，怡心怡情

在茶道中悠然修身

1 日本茶道的七种美

日本茶道文化不仅追求精神的"清敬和寂"，也有其独特的美学属性：缺陷、简素、枯槁、自然、幽玄、脱俗、静寂。

缺陷之美

日本茶道虽追求精神上的"一心"，但却倡导面对现实生活的不完美，学会欣赏缺陷。比如，茶道中使用的茶碗，不论从造型到色彩，常常可见到不均衡一致的情况，有的左右不对称，有的是釉没足色，有的是表面粗糙。还有茶室中的花人或挂轴等茶道美术品，入眼的常常不是整齐划一的感觉，多是参差不齐。这种带有缺陷的美，却常有深度的魅力。日本茶道认为，缺陷的美，是一种奇数单一的美。就如中国书法中的行草，行云流水间的狂草，在不是正楷的忘形中，独自拥有一种看似不整齐规范的奇美。

简素之美

简洁朴素单纯的美，是日本茶道文化的第二属性。日本茶道文化的基本元素之一，是禅宗的"无"，所以，茶道的简素，就是"无"的表现之一。比如，日本自古以来建筑中，神宫和茶室的建筑，虽然理念上都推崇简素之美，但神宫的简素和茶室的简素，却是同一概念下的两种简素。神宫的建筑是古朴、庄严、静穆的，如京都的桂离宫，东京的明治神宫，选材上用巨木和整齐的巨石等；茶室的建筑，则是简单、纯朴、寂静的，选材上是就地取材，大多由粗木简瓦搭成，诠释了一种脱离于寺院的俗世修心养性之愿望。这两种简素，都体现了日本禅学的美感。茶庭中只有常绿树木而无花草，茶室中的挂画，也多为水墨淡彩的山水之作。尤其是茶室中的木柱或横

简素之美

梁，看似毫无精雕细刻，却有种稚拙笨朴的素美，令人入目难忘。进入茶庭和茶室，举目所见，没有绚烂只有素雅，这种简单的素美的深处，蕴藏着枯淡的清寂之美。

枯槁之美

毫无感觉的空白澄明，枯老中的孤高，历经岁月沧桑的变迁，不论怎样的苍老，其中都有着静默之美。在茶室中，常常见到挂轴中的书法或画，墨迹淡薄难辨，或者老旧斑剥的茶盒等，虽然看上去有种枯槁之状，但却令人感悟一种枯中沉淀的力量，外表不再强大，内在却雄气的阳刚厚重之美。

自然之美

自然之美

无心，无念，无意识。不论是茶师或茶客，在茶室中，相视深礼一敬时，彼此流露出来的平常心态，为自然之美。古来日本茶道文化中，视人为做作的举止为不美。所以，从茶见到茶人的行为，皆追求自然状态。比如，使用的茶碗不需名匠之作，不需华丽釉彩。最好的茶碗，就是自然烧制的粗陶。这和现代的一些所谓茶道新风完全不同。刻意的完美，不是美，自然无心的美，才是纯美。

幽玄之美

中国的古诗句有：庭院深深深几许，这和日本茶道提倡的幽玄之美，有着相同的意境。幽玄之古美，是一种无限深幽之处的无限意境之美。比如，在幽暗茶室中，简单的眼神和无言的会意，有种心领神会的幽深玄美。这种东方的含蓄之美，在茶道文化中达到极致。留白处的空阔意境，是一种自觉自悟的韶美，是一种非主流的幽深玄阔之美。幽玄，不是阴暗沉郁之气氛，而是沉静中的寂落之美。

脱俗之美

踏入茶庭，走过碎石板路，进入茶室入座，这一过程，是一种短暂地脱离红尘俗世的忘我之境。放下尘念，远离喧闹，进入神清心宁的境地，这是日本茶道文化的一种忘我脱俗之美。日本茶庭的露地"石板路"，不仅仅是一条短短的路径，而是一种

脱俗之美

更多象征意义上的回归身心本我的回家之路。进入茶室前的净水洗手等动作，也是一种净心脱尘之举。茶道追求的脱俗之美，不是简单地脱离世俗红尘，不食人间烟火，而是让疲倦的身心得以短暂的净化，再以清新的"我"回到日常俗世中前行。所谓的脱俗，不是表象的脱离现实的生存规则，而是令人在真实生活中，自然畅顺地融入世道。利休大师倡导的"心中一尺自悟"，便是对脱俗最练达的诠释。世人若能心中有道，胸中有规地行走尘路，便不易迷失本我，会走得更逍遥自在。比如在茶席中聚会的开始前或结束后，禁忌高谈阔论地炫耀财富和摆弄学问之谈。不论是茶师还是茶客，茶前茶后的交流，大多是轻语温句的情趣之事。脱俗，便是俗人在此一时，求得此一刻的清净俗念之愿。

静寂之美

沉稳、安静、平和，面对日常中的"我"内省内悟，也是日本茶道文化的元素之一。茶道的开始和完了，时常都是在一种无言的静寂中展落。从茶师到茶客到茶具到挂轴到茶花，均以静为旨，静中品味动美。窗外的风声雨声鸟声，室内的水沸滚动声和茶师手中竹刷的轻动做声，众静皆一动，过程中的寂美，动衬托的静美，是红尘俗人在日常中忘知忘觉的美感，而在日本茶道中，寂静之美，却非常重要。

综上所述可见，日本茶道文化的多重属性，构成了茶道文化久经不衰的生命力。也正是因为这些属性特点，成就了茶道文化的精神——清敬和寂。因此可以说，不论缺少哪个属性，都不能称为真正的日本茶道文化。禅学的"无"通过日常的"茶"，诞生了独特的日本茶道文化。佛学中的"无"通过茶人和茶客的内在觉悟而体现出具体的"道"。日本茶道文化中的"无"，不是空洞的"无"，更不是仅仅用以观赏的"无"，而是一种创新的"无"。"无"中生"有"，"有"中而"无"。比如古代的日本茶人，在选用陶器时，也会选用外国或普通陶师之作品。这体现了所谓的美好，是在诸多现有中发现，在无中创新。因为茶道的"无"是一种不受拘束的自由，也正是因为这种自由，可以激发美的发现和创新。可以说，汉语的"无中生有"一词，被日本茶道文化诠释了新的意境。

常年客居于日本的人定会沉迷于日本茶道文化，不仅仅是茶席之乐，也不单是远离日常生活的茶事。而是融入俗世的人间平常道，令人生常在其"无"的自省中顿悟，展示创新升华的美。"无"是内在、内省、内觉、内悟的本我回归和真我创新，是人性一切脱胎换骨的精神原点，更是日本茶道文化的神髓。俗人通过茶而知"无"，因知"无"而觉醒，因为觉醒而悟世间道。

　　在"茶"中悟"禅"，在"禅"中觉"无"，在"无"中生"有"。这是日本茶道文化的根本，也是红尘俗人回归本我的途径。

② 韩国茶道

　　自古以来中韩两国就有着文化交流，而茶文化作为两国源远流长的文化交流内容之一，一直起着重要作用。韩国的茶道深受中国茶道的影响，是韩国传统文化的重要组成部分。

　　韩国茶艺的宗旨是"和、敬、俭、真"。通过"茶礼"向人们宣扬、传播茶文化，并自然地引导社会大众消费茶叶。韩国的茶艺种类繁多、各具特色。

　　如今韩国茶道逐渐走出了一条独立发展的道路。在韩国的大多数高校中都开设了茶道课，饮茶之风又再度兴盛。还专门建立了茶道大学等。韩国茶道独立发展并回传中国，对中国茶道文化的发展也产生了积极的影响。

　　韩国茶道传承中国茶道，可谓历史悠久，他们不但从中国茶道中继承和发展，还不断地吸收和创新。形成了以"和静"为源头，"清虚"为传承，"中正"为精髓，推崇心地善良、礼貌谦恭、俭朴廉正的传统美德。

2 在茶道中仪态万方

习茶虽崇尚简约，没有诸多的繁文缛节，但是和谐仍是贯穿其中的主旋律。习茶的动作要求含蓄、温文尔雅、谦逊、诚挚。无论动态，还是静态，掌握精髓，才能美姿荡漾，倾国倾城。

站姿

　　站姿是仪表美的起点和基础，十分重要。茶艺表演者站姿应该双脚并拢，身体挺直，双肩放松，头上顶，下颌微收，眼平视。女性双手虎口交叉，右手在左手上，置于胸前。男性双脚呈外八字微分开，身体挺直，双肩放松，头上顶上颌微收，眼平视，双手交叉，左手在右手上，置于小腹部。挺拔的站姿给人以优美高雅、庄重大方、精力充沛和积极向上的美好印象。

坐姿

　　坐姿是一种静态造型。端庄优美的坐姿，会给人以文雅、稳重、大方、自然、亲切的美感。

　　坐在椅子或凳子上，需要端坐中央，使身体重心居中，不然会因坐在边沿使椅（凳）子翻倒而失态；双腿

膝盖至脚踝并拢，上身挺直，双肩放松；头上顶下颔微敛，舌抵下颚，鼻尖对肚脐；女性双手搭放在双腿中间，左手放在右手上，男性双手可分搭于左右两腿侧上方。全身放松，思想安定、集中，姿态自然、美观，切忌两腿分开或翘二郎腿还不停抖动、双手搓动或交叉放于胸前、弯腰弓背、低头等。

行姿

行姿是一种动态的美。行走时移动双腿，上身不可扭动摇摆，保持平稳，双肩放松，头上顶下颔微收，两眼平视，跨步脚印为直线轨迹。

男性行走时双臂随腿的移动可以身体两侧自由摆动。步速和步幅也是行走姿态的重要要求，在行走时要保持一定的步速，不要过急，否则会给人不安静、急躁的感觉。流云般的轻盈走姿，才能体现人的温柔端庄，大方得体。款款轻盈的步态，才能给人带来美的感受。

跪姿

　　日本和韩国习惯采取跪姿，另外如举行无我茶会（体现平等思想，无尊卑之分的茶会形式）时也用此种座席。中国人在茶艺表演时很少用跪姿。

　　跪坐：日本人称之为"正坐"。即双膝跪于座垫上，双脚背相搭着地，臀部坐在双脚上，腰挺直，双肩放松，向下微收，双手搭放于前，女性左手在下，男性反之，舌抵上颚。

　　盘腿坐：男性除正坐外，还可以盘腿坐。即将双腿向内屈伸相盘，双手分别搭于两膝，其他姿势同跪坐。

茶艺的基本礼仪

茶艺中的礼节，表达了对宾客的尊敬，也体现出了行礼者的修养。诸如放下器物的那一刹那间依依不舍的感觉，让人不禁投入其中，优雅的氛围环绕周身。

伸掌礼

行伸掌礼时，四指并拢，虎口分开，手掌略向内凹，侧斜之掌伸于敬奉的物品旁，同时欠身点头。伸掌礼是茶道表演中经常使用的示意礼。

鞠躬礼

鞠躬礼即弯腰行礼，是中国的传统礼节。茶道表演迎宾、表演开始和结束时，主客都要行鞠躬礼。鞠躬礼又分为站式鞠躬礼、坐式鞠躬礼和跪式鞠躬礼。

叩手礼

叩手礼是以手指轻轻叩击茶桌来行礼。比如目前流行的长辈或上级给晚辈或下级斟茶时，下级和晚辈必须用双手指作跪拜状叩击桌面二三下；晚辈或下级为长辈或上级斟茶时，长辈或上级只需单指叩击桌面二三下表示谢谢。也有的地方在平辈之间敬茶或斟茶时，单指叩击表示我谢谢你；双指叩击表示我和我先生（太太）谢谢你；三指叩击表示我们全家人都谢谢你。

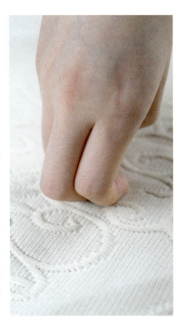

寓意礼

茶艺活动中，在民间逐步形成了不少带有寓意的礼节。比如冲泡时的"凤凰三点头"，即手提水壶高冲低斟反复三次，寓意是向客人三鞠躬以示欢迎；茶壶放置时壶嘴不能正对客人，否则表示请客人离开；还有斟茶时只能斟到七分满，谓之"酒满敬人，茶满欺人"等。

茶道也要真正体现出茶人之间平等互敬的精神，因此对宾客都有规范的要求。做为客人，要以茶人的精神与品质去要求自己，投入地去品赏茶。作为服务者，也要符合待客之道，尤其是茶艺馆，其服务规范是决定服务质量和服务水平的一个重要因素。

3 茶道的表演之美

　　茶道中的茶艺表演应该是一门博大精深的传统文化艺术，不仅是一种艺术的表现，更是一种文化及内在的体现，让人赏心悦目、心境平和。

　　茶艺是一门表演艺术。是在特定的环境中，以茶为载体，以音乐为伴侣，用优美的动作来展示、体现饮茶之美。所以从观赏层面上来说，要求茶艺师要动作美、神韵美、服装道具美等。所以茶艺师并不是只会泡茶就行，还要有一定的文化和表演素养。茶艺表演不同于一般的表演，它承载着中国茶文化，将泡茶的动作与泡茶的环境、器具、茶叶、音乐融为一体，给人一种至高的精神享受。

　　茶不但清香，还能陶冶情操，品茶更是如此。在泡茶时有很多讲究，还有很多有趣的茶语，非常丰富多彩。茶艺的很多礼仪都充满乐趣，对中国传统文化有了更深的了解。

　　每一道茶艺表演中，艺师们都会有遵循一定的动作和规矩，一举一动都是那么的婀娜多姿，茶艺师的每个动作都是那么的优美，在品尝茶汤之前，就先饱了眼福。茶艺师的表演看上去就是美与美的结合，是美与文化的交融，更是茶文化的重要组成元素。客人未饮茶汤，心里就已经舒畅了不少，再饮上可口的茶汤，就更加心旷神怡了。

　　在收获外观美的同时，又品饮上茶汤内质的甘醇，实在是意趣双收，美哉美哉。

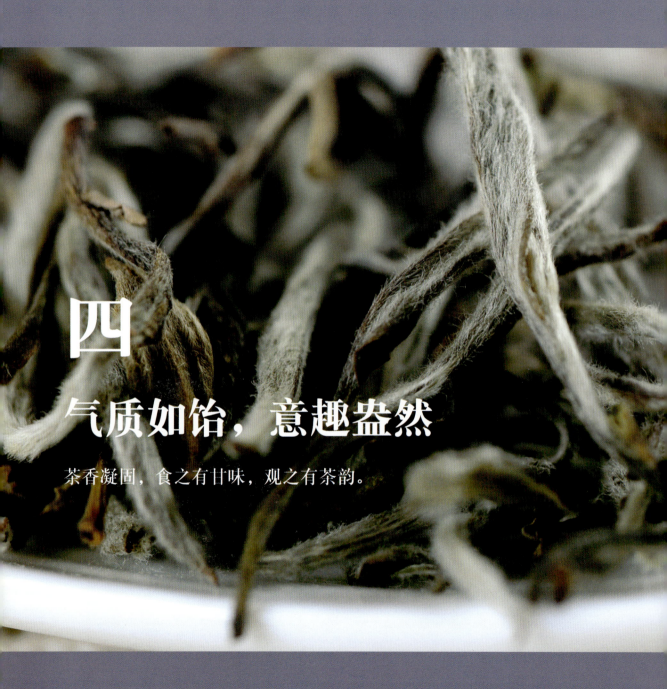

四

气质如饴，意趣盎然

茶香凝固，食之有甘味，观之有茶韵。

1 茶叶入馔，健康传承

以茶为菜，古已有之。

在四千多年前，中国发现茶时，当时的人是把它当作食用之物的。《晏子春秋》记载，"晏子相景公，食脱粟之饭，炙三弋五卵茗菜而已"这是说当时的人们吃的是脱壳的粟饭，并用烤禽肉、禽蛋、茶叶等作为菜肴食用。《尔雅》中，"苦荼"一词注释云"叶可炙作羹饮"；《桐君录》等古籍中，则有茶与桂姜及一些香料同煮食用的记载。可以说以茶入馔，代代相传，逐步做出很多营养、美味的茶食，现在家常的茶叶蛋，就是在宋朝的时候发明出来的。

进入现代，人们对茶叶的食疗保健作用有了新的认识，茶叶食品日趋丰富多彩，比如将茶叶用于日常减肥，科学研究发现，茶叶中含有多种有利于减肥的成分，其实古人早已认识到这一点。楚王好细腰，相传楚人每日早、晚空腹喝一大碗茶，且要吃掉茶叶，用来保持身材。

茶不仅可以用来泡水，更可以制成各种茶点、茶食，一边喝茶一边品尝茶点，多一份美味，更多一份健康。

2 形味两佳的精致茶点

羹冻类

抹茶奶冻

原料：抹茶粉4克，琼脂粉4克，牛奶150毫升，鲜奶油60克，白砂糖60克。

做法：

1. 将抹茶粉放入碗中，加入少许热水，和开。

2. 琼脂粉放入碗中加30毫升水混合，搅匀，放入微波炉，加热30秒。

3. 牛奶和糖放入碗中，搅匀，用微波炉加热2分钟。

4. 将上述三者混合，搅拌均匀，冷却至糊状。

5. 加入鲜奶油，搅拌起泡，倒入盘中，进冰箱冷却。

6. 待凝固后，切成喜欢的形状即可。

枸杞红茶膏

原料： 枸杞子60克，红茶末30克，香
油90克，精盐1克。

做法：
1. 将枸杞子捣碎，晒干研为细末。
2. 将红茶末、枸杞末一同和匀，倒入
香油，搅成膏状，加入食盐。
3. 入锅煎炒，直到炒至浓稠，即成。

龙凤茶冻膏

原料：茉莉花茶浓汁150毫升，祁门红茶浓汁150毫升，淡奶25克，蜂蜜25克，琼脂150克，
　　　柠檬汁25克，白砂糖150克

做法：

1. 将琼脂洗净，放在大碗内，加入清水1000克上笼蒸至琼脂溶化，取出后冷却，然后平均
　　入在两个碗内。
2. 一碗中加花茶浓汁、淡奶、柠檬汁和适量白糖，搅匀冷却。
3. 另一碗加淡奶、红茶汁混合均匀，放入冰箱中冷冻。
4. 两碗取出后再用刀改成菱形块，拼摆在一个盘中即成龙凤茶冻膏。

茶末羊羹

原料：糖300克，水150毫升，琼脂7.5克，白豆馅200克，麦芽糖2匙，茶末粉2匙。

做法：

1. 取糖200克，与琼脂、白豆馅、麦芽糖以及清水混合均匀。

2. 放入微波炉加热2分钟，中间搅拌1次。

3. 将剩下的100克糖与茶末粉混合，然后加入上述各料，搅拌后，再放入微波炉加热30秒钟。

4. 取出后倒入容器内，不用加盖，冷却后即成。

茶香银耳羹

原料：银耳25克，茉莉花10朵，茶水300
毫升。

做法：

1. 银耳泡发，择洗后撕为花瓣大小。
2. 与茶水、茉莉花同入锅中加少量水，
   煮半小时即成。
3. 煮好后，可加冰糖调味。

香茶莲子羹

原料：袋装绿茶3包，去心莲子50克，水淀粉20克，白砂糖20克。

做法：

1. 将莲子加水泡涨，置锅中加热水煮烂，并捣碎。
2. 加开水500毫升，将袋泡绿茶泡好，滤出茶汁。
3. 将茶汁和少量水淀粉混合后，煮沸。
4. 加入捣碎莲子，煮至糊状。
5. 加入白砂糖，装碗即成。

甜橙红茶冻

原料：红茶3克，甜橙3个，琼脂15克，蜂蜜2克，白糖2克。

做法：

1. 红茶以600克清水煮过，滤出茶渣，留下茶汤。

2. 甜橙榨汁。

3. 琼脂洗净，用清水浸涨。

4. 将茶汤煮沸，放入浸涨的琼脂，待琼脂融化后加入蜂蜜、白糖、橙汁等原料，拌匀。

5. 将稍冷的红茶琼脂橙汁，放入冰箱，成冻后，切开即可。

抹茶甜糕

原料：抹茶粉4克，米粉100克，白砂糖50克，色拉油10克。

做法：

1. 将方形容器内涂抹色拉油。
2. 将抹茶粉放入碗中，加入白砂糖和少许热水，将抹茶粉刷开。
3. 将糯米粉倒入碗内混合均匀，用筷子搅拌成稀糊状。
4. 把搅好的稀糊倒入方形容器内，覆上保鲜膜，放微波炉5分钟，出炉冷却。
5. 将抹茶糕脱膜置砧板上切成长方块，即可。

红茶饼干

原料：面粉300克，麦淀粉60克，白砂糖120克，鸡蛋40克，红茶（干茶）10克，发酵粉5克

做法：

1. 将面粉，麦淀粉，发酵粉混合过筛。红茶碾成粉末。
2. 将奶油切成小块放在容器中，搅拌成糊状，逐步加入白砂糖拌匀，再分两次加入鸡蛋拌匀，最后加入红茶粉和过筛后的混合粉，稍微拌匀后装入保鲜膜放入冰箱内冷藏。
3. 将冷却的面团取出，放在撒过粉的台上，擀成厚3厘米的薄片，用梅花形铜膜扣出，逐一放入铁盘中。
4. 烘烤。炉温摄氏170℃，烤15分钟左右。

法式茶烙饼

原料： 面粉250克，鸡蛋2个，白砂糖600克，黄油75克，牛奶250毫升，浓茶汁500毫升，香草糖1小袋，朗姆酒3克。

做法：

1. 在洁净的容器中倒入面粉，放入白砂糖、香草糖，敲入鸡蛋。一边加水，一边搅匀。
2. 随着面团变稠逐渐加入牛奶。
3. 充分搅拌后加入溶化的黄油和足量的茶，待面滑而不黏，再加入朗姆酒。
4. 将面团分成小块，取锅烙饼。
5. 每个饼烙好后，翻过来，在饼中夹摆一颗棒子大小的黄油，让它溶化，然后折成四边形，即可。

绿茶甜糕

原料： 绿茶粉4克， 米粉100克，白砂糖50克，油10克。

做法：

1. 将方形容器内涂抹色拉油。
2. 将绿茶粉放入碗中，加入白砂糖和少许热水，将绿茶刷开。
3. 将糯米粉倒入碗内混合均匀用，加水，用筷子搅拌成稀糊状，倒入定形容器内。
4. 蒙上保鲜膜，放微波炉5分钟左右，出炉冷却。
5. 将绿茶糕脱膜置砧板上切成长方块，即可食用。

干果煎饼

原料：李子干（或杏子干、杏仁、榛子等）500克，红茶汁500毫升，朗姆酒15克，盐2克、糖30克，面粉250克，鸡蛋2个，牛奶500毫升。

做法：

1. 500毫升浓茶加热。

2. 再把干果投入热茶中，煮15～20分钟，然后浸泡一夜。

3. 将面粉、鸡蛋、牛奶，以及盐、糖和成面团，放置2小时左右。

4. 将干果沥干水，给每个果子裹上面团。

5. 投入热油中，至果子重新浮上来，盛出。

6. 将成品撒上糖，即成。

传统风味的家常茶点

红茶糖浆

原料：红茶25克，白糖70克，柠檬酸1克，丁香粉1克，沸水300毫升，清水200毫升。

做法：

1. 将红茶用沸水冲泡后盖浸10分钟，然后去渣取汁，待用。
2. 在锅中加入水烧沸，放入丁香粉，保持微沸10分钟。
3. 倒入浓茶汁、白砂糖和柠檬酸，搅拌使糖溶化。
4. 离火粗滤，晾凉后放入冰箱中冷藏待用。

糯米茶

原料：糯米100克，红茶2克。

做法：

1. 加水2000毫升，将糯米煮成汤。
2. 冲泡红茶，滤出茶渣。兑入糯米汤，即成。

香茶芝麻糖

原料：茶叶15克，白糖
　　　100克，蜂蜜50
　　　克，芝麻100克。

做法：

1. 先将芝麻洗净，再用
　 文火炒香，备用。

2. 将茶叶放入杯中冲沸
　 水浸泡，取汁备用。

3. 把茶汁放入锅中，加
　 白糖和蜂蜜，再以文
　 火熬至能拉成丝，即
　 投入芝麻拌匀，然后
　 将芝麻糖起锅放入模
　 型压成块状，再切作
　 薄片或细条状，即成。

香螺腰果

原料: 碧螺春3克,腰果150克,食盐
　　　 5克,生油500毫升(实耗50
　　　 毫升)。

做法:

1. 碧螺春和食盐置碗中,冲入100毫升
　 80℃开水,泡5分钟后,滤出茶渣。

2. 在茶水中,倒入腰果浸泡,隔15分
　 钟后翻拌一下,待腰果吸入茶汁
　 后,捞出沥干。

3. 在锅中注入油,倒入腰果,用中火
　 油氽,同时用笊篱铲动,氽到微
　 动,投入茶渣油炸。

4. 将油炸茶叶和腰果拌匀,即可食用。

红茶梨膏糖

原料：红茶50克，白砂糖100克。

做法：

1. 取红茶加水适量入锅煎煮，每15～20分钟煎汁1次。

2. 如此重复3次，除去茶渣后，将茶汤合并，至茶汁浓厚时，加入白砂糖调匀。

3. 用文火煎至糖液黏稠、用筷子挑起成丝状而不粘手时，停火。

4. 将糖液趁热倒在表面涂过油的容器中，稍冷却后，将糖用刀割成条块状即可。

清新雅致茶叶粥

　　历史上，江南人喝茶与喝粥是不分家的，古典吴越方言"粥"和"茶"是一致的读音。酷暑炎夏，出汗多，食欲不佳，不妨静下心来，喝上一碗茶叶粥，既可增进食欲，又能增强人体健康。

　　茶叶粥浓稠味美，茶色生香，低眉之间，天然植物的香味扑鼻而来，沁人心脾，那种诱惑力真的无法抵挡！用白净的瓷器汤匙舀一勺，慢慢放入口中，香稠的茶叶粥不用和牙齿接触，就会绵软细腻地滑入喉咙中，满口清香，味美至极。眼观，细品，清目爽口，暑意全消。

甜茶粥

原料：茶叶10克，粳米50克，白糖适量。

做法：

1. 先将茶叶加水，煎取浓汁，约100毫升左右，去渣。
2. 加入粳米再添水400毫升左右，同煮为稀稠粥。
3. 调入白糖，即成。

姜茶乌梅粥

原料：绿茶5克，生姜10克，乌梅肉30克，粳米50克，红糖适量。

做法：

1. 将绿茶、生姜、乌梅肉加水适量煎煮，取汁去渣。
2. 再加粳米煮粥，粥将熟时调入红糖，即成。

使君子茶粥

原料：茶叶15克，花生肉25克，使君子50克，粳米50克。

做法：

1. 将茶叶、花生肉、使君子共研细末，备用。
2. 将粳米煮粥，将熟时加入研好的细末，即成。

茶叶素粥

原料：陈茶叶10克，大米50克，白砂糖
      适量。

做法：

1. 取茶叶先煮取浓汁约1000克。

2. 去茶渣。

3. 在茶叶浓汁中加入粳米、白糖，再加
   入水400克左右，熬煮成粥，即可。

姜茶粥

原料： 铁观音茶叶15克，生姜3克，粳
米30克。

做法：

1. 将铁观音茶叶加开水冲泡，滤取茶
   汁，备用。
2. 把粳米淘洗干净。
3. 将洗净的生姜、茶水、粳米一起放
   入锅中，同煮成稀粥即成。

白萝卜茶叶粥

原料：白萝卜100克，粳米100克，茶叶5克，盐2克。

做法：

1. 将白萝卜洗净切片，与粳米一起煮烂，加盐，熬煮成粥状。
2. 茶叶用开水200克，泡5分钟后，滤渣，将茶汁倒入粥内，即可。

红玫瑰粥

原料：红茶6克，玫瑰花4克，金银花10克，甘草6克，粳米100克，白砂糖10克。

做法：

1. 将红茶、玫瑰花、金银花、甘草加水，煎汁去渣。
2. 粳米洗净，用茶汁煮成稀粥。
3. 后调入白砂糖，即成。

龙井茶叶粥

原料：龙井茶叶10克，小油菜50克，鸡蛋1个，大米100克

做法：

1. 取龙井茶3克，加水500毫升，泡开取汤备用。
2. 小油菜洗净切碎备用。
3. 鸡蛋打好备用。
4. 将米洗净，用茶汤煮熟。
5. 再将剩余7克龙井泡开备用。
6. 锅里放少量水烧开，随即将米饭放入，加入后泡的龙井茶汤，撒入油菜，淋入鸡蛋，烧至汤收即可。

茶点巧搭配

不知道你有没有这样的经历，茶喝在嘴里的同时又塞了块点心，却发现茶的味道是怪怪的，点心的味道也是怪怪的。是的，在平常，我们喝茶和选用点心跟买衣服和买鞋一样，自己喜欢哪样就挑哪样，可是当我们把喜欢的衣服和鞋子穿在身上的时候却经常发现并不是那么协调，其实喝茶、吃点心也一样，也是需要搭配的，搭配对了，调配出来的口味才会如穿着得体的姑娘一样让人感觉舒服。

茶点的选择空间很大，在"干稀搭配、口味多样"这个总的指导原则下，可以选择春卷、锅贴、饺子、烧卖、馒头、汤团、包子、家常饼、银耳羹等传统点心中的任意数种，也可以运用因茶的品种不同而创新的茶点品种。

休闲时候喝茶，搭配茶食的原则可概括成一个小口诀，即"甜配绿、酸配红、瓜子配乌龙"。所谓甜配绿：即甜食搭配绿茶来喝，如用各式甜糕、凤梨酥等配绿茶；酸配红：即酸的食品搭配红茶来喝，如用水果、柠檬片、蜜饯等配红茶；瓜子配乌龙：即咸的食物搭配乌龙茶来喝，如用瓜子、花生米、橄榄等配乌龙茶。

茶点助记忆

一顿丰盛的午饭后，浑身发懒，昏昏欲睡。但是如果中午没吃饱，那在下班前肯定早已饥肠辘辘，无心工作。因此，不妨午餐过两三小时后吃些茶点，也许你会惊喜地发现：整个下午都能聚精会神地工作。

研究表明，下午3点左右吃些茶点可以增强记忆力。美国心理学家罗宾·卡纳瑞克博士，通过实验发现，吃过茶点的学生记忆力与应变力更好。茶点增加了对大脑的能量供应，改善大脑的功能。

茶叶食用更有营养

一般的饮茶食用的只是它的水溶性物质，而茶叶中的水溶性物质仅占茶叶干重的40%左右，大部分不溶于水的物质主要是膳食纤维、蛋白质、脂类物质、果胶、淀粉、脂溶性维生素等，在食用时都没有被利用，如果直接食用茶叶对健康更有利。

茶叶的选购技巧

做为茶馔的主要原料，茶叶的质量十分重要。茶叶的选购不是易事，如何才能选到好茶叶呢？

茶叶的好坏，主要从色、香、味、形四个方面鉴别，但是对于普通人，购买茶叶时，一般只能观看干茶的外形和色泽，闻干香，那么就只能从五个方面来看，即嫩度、条索、色泽、整碎和净度。

（1）嫩度

嫩度是决定品质的基本因素，所谓"干看外形，湿看叶底"，就是指嫩度。

A. 一般嫩度好的茶叶，容易符合该茶类的外形要求(如龙井之"光、扁、平、直")。

B. 还可以从茶叶有无锋苗去鉴别。锋苗好，白毫显露，表示嫩度好，做工也好。如果原料嫩度差，做工再好，茶条也无锋苗和白毫。

C. 不能仅从茸毛多少来判别嫩度，因各种茶的具体要求不一样，如极好的狮峰龙井是体表无茸毛的。再者，茸毛容易假冒，人工做上去的很多。芽叶嫩度以多茸毛做判断依据，只适合于毛峰、毛尖、银针等"茸毛类"茶。

（2）条索

条索是各类茶具有的一定外形规格，如炒青条形、珠茶圆形、龙井扁形、红碎茶颗粒形等等。

A. 一般长条形茶，看松紧、弯直、壮瘦、圆扁、轻重。

B. 圆形茶看颗粒的松紧、匀正、轻重、空实。

C. 扁形茶看平整光滑程度和是否符合规格。

一般来说，条索紧、身骨重、圆(扁形茶除外)而挺直，说明原料嫩，做工好，品质优；如果外形松、扁(扁形茶除外)、碎，并有烟、焦味，说明原料老，做工差，品质劣。

（3）色泽

茶叶色泽与原料嫩度、加工技术有密切关系。各种茶均有一定的色泽要求，如红茶乌黑油润、绿茶翠绿、乌龙茶青褐色、黑茶黑油色等。但是无论何种茶类，好茶均要求色泽一致，光泽明亮，油润鲜活，如果色泽不一，深浅不同，暗而无光，说明原料老嫩不一，做工差，品质劣。

（4）整碎

整碎就是茶叶的外形和断碎程度，以匀整为好，断碎为次。

美人都爱造型花茶

　　造型花茶即工艺茶，这些花茶造型各异，冲泡开后在杯中尽情舒展，色彩绚丽、造型独特。花在水中摇曳，无论是百合仙子、丹贵夫人还是玫瑰仙子…各有各的姿势，各有各的优美。

出水芙蓉

　　冲泡开的出水芙蓉在水中摇曳，犹如婀娜多姿的美人。

干茶样
原料造型

干茶样
原料造型

花之恋

冲泡开的花之恋在水中完全舒展开来。

干茶样
原料造型

囡儿春

完全泡开的囡儿春美丽沉静。

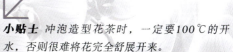

小贴士 冲泡造型花茶时，一定要100℃的开水，否则很难将花完全舒展开来。

干茶样
原料造型

水中花

如花似水，亭亭玉立，绽放着清新脱俗。

干茶样
原料造型

爱之心

柔情似水，浓情如火，水火相映，爱是你我。

干茶样
原料造型

茶花依恋

　　水中绽开的花像两个婀娜多姿的女子，或远或近，如此深情地依偎。

干茶样
原料造型

丹贵夫人

　　舒展开的花瓣犹如丹贵夫人的裙摆，处处透着优雅。

小贴士 冲水时，不能直接对着造型花茶冲水，否则会将花茶花瓣冲散、冲碎，影响花的美感，同时也会影响品饮的口感。

干茶样
原料造型

蝶恋花

　　水中的蝶恋花犹如一只蝴蝶在春风里，沉醉于花香之中。

干茶样
原料造型

百合仙子

　　绽放开的的百合，在水中仿佛从天上飘然而下的仙女。

干茶样
原料造型

放肆情人

　　水中绽放的放肆情人，浓妆而不妖艳，淡抹而不失高贵。

干茶样
原料造型

红色恋人

　　舒展开的红色恋人相依相偎，如此缠绵。

小贴士 造型花茶的冲泡，一般需要等待1~2分钟的时间，花瓣才能完全舒展开来。所以，美丽的东西，即使是等待也是一种极佳的享受。

干茶样
原料造型

花言茶语

　　水中的花与茶，你一言，我一语，相互诉说。

干茶样
原料造型

东方佳人

　　水中的东方佳人，如白玉兰般高贵，典雅，端庄。

干茶样
原料造型

玫瑰仙子

　　绽放如玫瑰，却又像仙子，如出水芙蓉，风姿秀逸。

干茶样
原料造型

拈花微笑

　　水中展开的"拈花微笑"有着淡淡的笑脸，是如此的纯净无染、淡然豁达。

小贴士 冲泡造型花茶时，开水冲下去后，有些造型花茶会发出"啪"的一声响，就证明造型花茶泡开了，接下来就是慢慢等待完全舒展开来的美丽。

五

气质如色，怡情悦性

茶色茵茵，沐浴其中，如同被人宠爱

普洱茶面膜

材料： 普洱茶水2小匙，蜂蜜1小匙。

做法：

1. 每日早晚，将冲泡好的普洱茶水晾凉后和蜂蜜调匀，用手指蘸取，均匀地拍在洗净抹干后的面部，眼睛周围可以使用。
2. 让面膜在脸上停留5～10分钟效果更好，然后用清水洗净，擦上日常的护肤品。

小提示

普洱茶：普洱茶有抗氧化的作用，所以用于美容护肤，有抗衰老的作用。

蜂蜜： *能悦颜色，用蜂蜜做面膜，能使皮肤细腻、光洁、富有弹性。蜂蜜是极佳的水溶性保湿剂，能将皮肤的水分紧紧锁住，具有保湿滋润的效果。蜂蜜的亲肤性很高，因分子大小与皮肤相近，吸收渗透性也好，能迅速吸收补充皮肤养分，干性及敏感性皮肤都很适合。*

绿茶紧肤面膜

材料：绿茶粉1小匙、蜂蜜两大匙、面粉大匙一匙半。

做法：

1. 在面粉中加入蛋黄搅拌后，再加入绿茶粉混合。

2. 将做成的绿茶面膜敷盖整个脸部，再铺上一层微湿的面纸，停留在脸上约5～10分钟后，用冷水或温水洗净。

小提示

敷了面膜后的肌肤会很敏感，请勿立即上妆。如要化妆，薄薄地涂上一点化妆水或乳液即可。

红茶眼膜

材料：红茶6克，白开水 60毫克。

做法：

1. 取红茶放入茶缸中。
2. 将开水（最好在80℃左右）冲入茶缸中，加盖闷泡5分钟即成。
3. 用消毒纱布蘸茶水敷眼圈周围皮肤，20分钟后取下，早晚各一次。

小提示

消黑眼圈，除眼袋。用茶水直接涂抹在皮肤上，既营养皮肤，又可使眼袋和皮肤黑色素消除。

红茶嫩肤膜

材料：袋装红茶1包，面粉20克，红糖20克。

做法：

1. 用少量水冲红茶，泡出极浓茶汁。
2. 将茶汁、面粉、红糖搅拌在一起。
3. 洗净脸后，将做好的面膜均匀地抹在脸上。
4. 15～20分钟后洗去。

小提示

这款面膜能消除粉刺，去除油脂。

红茶甘油脱敏发膜

材料：红茶茶包2个，纯净水1/3杯，甘油一大勺。

做法：

1. 在纯净水里煮红茶。
2. 在煮好的红茶里放入甘油。
3. 煮好后，把发膜均匀涂在洗干净的头发上，20分钟后冲洗干净即可。

小提示

1. 红茶要用天然红茶，不要用加入色素的红茶。
2. 红茶的儿茶素和各种维生素可以防过敏，也可以镇定头皮的各种炎症，持续使用可以缓解头皮各种疾病。

花草茶珍珠粉面膜

材料：玫瑰花茶包1个，珍珠粉适量，蜂蜜一小勺。

做法：

1. 把玫瑰花茶泡开，茶汤备用。
2. 往玫瑰茶汤里倒入珍珠粉，蜂蜜，搅拌成糊状。
3. 把做好的面膜糊均匀贴到脸上，静置20分钟，洗净即可。

小提示

玫瑰花茶中玫瑰精油的元素，与珍珠粉和蜂蜜混和后，能有效提亮肤色，镇静肌肤。

绿茶顺柔去屑发膜

材料： 蛋黄一个，绿茶粉一大勺。

做法：

1. 分理处蛋黄充分搅拌。
2. 放入绿茶粉搅拌均匀。
3. 把做好的发膜均匀地涂在洗净的头发上，20分钟后冲洗干净即可。

小提示

1. 蛋黄一定要搅拌均匀，最好用搅拌器。
2. 蛋黄中的蛋白质成分和绿茶中的儿茶素成分可以顺滑头发，防止头皮屑，保护头皮。

茶浴

气质美人当然需要泡出好气色、好肤色。早在三国时期，茶浴已经很流行，后来被所谓文人雅士接受，继而流传到印度、日本和东南亚一带，而今已经成为健康时尚的新型沐浴方式。

小贴士

洗茶浴更健康

用茶泡澡这种洗浴方式，其实并不是新鲜事物，而是中国的古老传统。

三国时期茶浴就很流行，后来被所谓文人雅士接受，继而流传到印度、日本和东南亚一带，并逐渐演变成为茶浴、药浴和香浴三大天然植物型健康浴，成为流行至今的东南亚洗浴风俗。

茶叶中富含咖啡因、鞣酸、茶碱、儿茶酸、茶多酚等成分，以及多种维生素和矿物质。具有消毒抑菌、去垢护肤和消除疲劳的作用。此外，也有人提出茶浴可抑制体内脂质的过氧化以及亚硝胺的形成，从而起到防治心脑血管病和抗癌、抗衰老的作用。

洗茶浴注意事项

由于各人的体质强弱不一，所选择的茶叶品种也应当有所不同。也就是说应该"因人择茶而浴"。对于儿童，因其神经系统、消化器官和皮肤均未成熟，不耐茶叶中生物碱的强烈刺激，应该选用稀薄的花茶泡水沐浴；中青年人青春焕发，生命力旺盛，抵抗力强，适于用绿茶泡水沐浴；老年人则生理机能逐渐衰老，加上气血不足，最好用乌龙茶或红茶沐浴；女性护肤养颜，最宜花茶沐浴。

茶浴虽好，但并不是在任何情况下，都适合以茶浴作为保健的项目。下列情况就不宜茶浴：

（1）饱、饥不宜

饭刚吃饱，如立即茶浴，身体受到茶汤的刺激，血管扩张，体表血液骤增，容易引起腹腔和大脑缺血，从而导致消化不良或晕厥。而饥饿时茶浴则容易发生虚脱昏倒。

有疾病不宜。凡是身体不舒服，不管大小疾病，都不宜茶浴。因为茶浴会明显增加发汗量，容易加重所患疾病的症状，对治愈疾病和恢复健康不利。病人本身肌体就不健康，弄不好会病上加病，或会加剧原有疾病的病情。

（2）太疲劳不宜

茶浴可以消除疲劳，然而太疲劳则不宜茶浴。人太疲劳时，肌肉急剧收缩，血流加快，如立即茶浴，容易引起心脏和大脑供血不足，造成缺氧而导致虚脱。通常在不太累的情况下，沐浴的时间也只能延续10～20分钟，沐浴时间延续太长，沐浴本身也会引起疲劳。

（3）水太热不宜

茶浴时，水太热，也就是说茶汤的温度太高，是不宜茶浴的。水温太高，会使血管过度扩张，血液迅速流向体表，造成心脏和大脑的血液一时供应不足，容易出现头昏眼花等症状。

茶浴原料

茶浴一般使用绿茶作为原料，因为绿茶富含多种维生素和矿物质，并含有多糖和茶多酚，同时还具有吸收有毒物质的功能，可以消炎、抑菌，因此，洗茶浴实际上是一次清除皮肤上有毒有害物质的过程，对皮肤瘙痒等症状有明显缓解作用。

泡澡所用的茶叶一般可选用粗老绿茶。粗老茶是相对于新茶的一种称谓，特指采摘时间较晚的茶叶。这类茶叶所含茎梗较多，口感较新茶要差一些。但是这类茶叶所含的各项成分要比新绿茶高，泡出来的茶水比新茶要浓，同时价格比起新绿茶要低许多，因此用来泡茶浴正好可以发挥其所长。

茶浴功能

（1）能使人精神振奋，增强思维和记忆能力；

（2）能消除疲劳，促进新陈代谢，并有维持心脏、血管、胃肠等正常机能的作用；